AF578865

LES

CHEMINS DE FER

ET

LES CHAMBRES,

OU

OBSERVATIONS SUR LES CHEMINS DE FER
VOTÉS DANS LES DERNIÈRES SESSIONS
DE LA CHAMBRE DES DÉPUTÉS.

Par M. P.-A. de La Nourais.

PRIX : 1 fr. 50 c.

PARIS,
LIBRAIRIE SCIENTIFIQUE-INDUSTRIELLE DE
L. MATHIAS (AUGUSTIN).
QUAI MALAQUAIS 15.

1841.

On s'étonnera peut-être qu'après le vote de la Chambre des Députés, et l'adoption de la loi qui a sanctionné la direction nouvelle donnée au chemin de fer de Paris à Rouen, il ait été encore question dans cette Brochure des deux tracés rivaux, et de l'incontestable infériorité de celui qui est appelé à suivre la vallée de la Seine. Si, dans le cours des observations que nous publions aujourd'hui, nous avons cru devoir revenir sur ce sujet, c'est que, sans parler de son importance, nous avons pensé que malgré l'adoption d'un projet aussi irrationnel que funeste dans ses conséquences, il était toujours temps d'en démontrer les vices.

La rapidité avec laquelle fut enlevé le vote de ce projet de loi, le peu de cas que le ministre d'alors (M. le comte Jaubert) fit des observations du Conseil-d'Etat qui refusait à l'unanimité d'admettre les clauses les plus importantes des statuts de la compagnie de la Vallée, n'ont point permis aux populations intéressées de protester en temps utile contre une direction qui, jusque là, avait toujours été condamnée, tant par l'administration que par le ministre lui-même. Un mémoire qui devait lui être soumis avait alors été rédigé et approuvé par les autorités locales des principales villes riveraines. C'est ce Mémoire qui a servi de base à ce travail. Depuis, des développements nouveaux y ont été ajoutés et sont venus compléter les observations qui, dans le principe, devaient être soumises à l'administration supérieure, et appuyer les protestations des villes intéressées dans le maintien de la direction primitivement adoptée.

L'industrie des chemins de fer est tellement vitale pour le pays, que nous avons cru qu'on ne pouvait trop appeler la discussion sur une matière aussi importante. Si, malgré le vote de la loi, nous nous sommes hasardé à publier ces observations, c'est que nous avons pensé que ce qui était vrai en 1840 l'était aussi en 1841, car les faits n'ont pas changé. Leur étude et leur appréciation nous ont seulement conduit à les appuyer par quelques nouveaux développements.

Paris, avril 1841.

LES CHEMINS DE FER

ET LES CHAMBRES,

OU

OBSERVATIONS SUR LES CHEMINS DE FER VOTÉS DANS LES DERNIÈRES SESSIONS DE LA CHAMBRE DES DÉPUTÉS.

PAR M. P.-A. DE LA NOURAIS.

CHAPITRE PREMIER.

OBSERVATIONS GÉNÉRALES. — DES DIVERS MODES DE CONFECTION.

De nombreux travaux ont déjà été publiés sur les chemins de fer. Des ingénieurs, des économistes, des publicistes se sont mis à l'œuvre, la tribune a retenti d'innombrables discours, la presse a été saturée d'articles où chacun est venu apporter son opinion, ses lumières, jusqu'à ses caprices et ses erreurs, et cependant, après nous être occupé de cette industrie nouvelle plus peut-être qu'aucune nation au monde, nous en sommes encore aux essais, nous ne possédons pas encore une seule ligne de quelqu'importance, tandis que des États de quatrième ordre voient déjà depuis longtemps leur territoire sillonné en tous sens par ces admirables voies de communication, et touchent au moment où ils vont recueillir le fruit de leur persistance et de leurs sacrifices.

D'où vient donc que la France, ce pays du progrès, ce pays qui possède dans les productions de son sol, dans la masse de ses capitaux, dans l'activité et l'intelligence de ses habitans des ressources si riches et si nombreuses, est restée jusqu'à ce jour dans une aussi déplorable infériorité? Pourquoi n'a-t-elle fait toujours que parler sans jamais agir? Pourquoi, dans tout ce qu'elle a essayé de faire, même dans tout ce qu'elle a fait jusqu'ici, rencontre-t-on une absence de vues pratiques, une ignorance des faits économiques qui vous jettent dans une surprise qui ne peut être égalée que par le découragement qu'on éprouve à la vue de tous ces inutiles efforts? résoudre ces questions, serait faire l'histoire de nos idées, de nos préjugés, de nos erreurs, de notre industrie, de notre système politique, de nos hommes d'état. Ce serait en un mot un immense travail, que nous ne nous sentons du reste, ni la force ni la capacité d'entreprendre.

Nous voulons ici nous borner uniquement à exposer quelques observations pratiques sur les règles générales qui doivent présider préalablement à la construction des chemins de fer, et qui jusqu'à ce jour nous semblent avoir été trop méconnues, et à les accompagner de quelques remarques, tant sur la situation présente des chemins de fer en France, que sur l'avenir des lignes projetées et sur l'influence qu'elles pourront avoir sur la position commerciale des villes principales quelles doivent atteindre ou relier. Nous espérons prouver dans ce court exposé que jusqu'ici souvent on a agi, soit légèrement, soit sur des bases fausses ou erronnées, oublié ou ignoré la plupart des données qu'il fallait consulter avant de songer à établir un chemin de fer, et enfin que la plupart du temps, les grands corps délibérants, parfaitement propres à recevoir ou à donner une grande impulsion politique, sont, par la mobilité même qui est dans leur essence, inhabiles ou impuissants, quand il s'agit d'administration pratique ou du soin des intérêts matériels.

Toutefois, avant d'aller plus loin, il semble utile de présenter quelques réflexions sur le mode de confection. Trois systèmes sont en présence : 1o L'exécution par les compagnies, 2o la confection par l'État, et enfin 3o un système mixte, qui consiste à faire exécuter par des compagnies avec une subvention de l'Etat ou la garantie d'un minimum d'intérêt.

Le premier système a triomphé, du moins jusqu'ici. Les chambres l'ont pris sous leur patronage, à tort selon nous. Comparons ces deux modes, et voyons en les avantages politiques et financiers. Qu'arrive-t-il dans le premier cas? une compagnie formée de quelques personnes, ou des industriels isolés font étudier un tracé, demandent une concession, et quand elle est obtenue, cherchent à se procurer des capitaux au moyen de l'association en fondant une société par actions. Alors, de deux choses l'une, l'entreprise à l'exécution de laquelle ils appellent la coopération du public est bonne ou mauvaise. Si elle semble bonne et sûre dans ses résultats, les concessionnaires veulent faire aux capitalistes ou aux prêteurs des conditions trop dures, et par là les éloignent, si au contraire elle semble mauvaise ou seulement incertaine, ils ne trouvent point d'argent. Dans l'un et l'autre cas, l'affaire ne tarde pas à péricliter, et presque toujours les embarras de la société retardent pour longtemps l'exécution d'une chose utile au pays. Pendant que le concessionnaire cherche partout des capitaux sans en trouver, il empêche au moyen de la concession dont il est nanti, et jusqu'à ce que sa déchéance soit encourue et prononcée, qu'on n'agisse en son lieu et place. Il semble inutile de citer des exemples et de rappeler ce qui s'est passé dans ces dernières années pour le canal latéral à la Garonne, (entreprise Doin), et pour celui des Pyrenées, (entreprise Galabert), car ces faits sont présents à la mémoire de tout le monde.

Ensuite si nous passons à l'exécution elle même, qui ne sait que trop souvent une compagnie est guidée, soit par ses intérêts privés, soit par ceux de quelque grand capitaliste qui se met à sa tête, lui impose son influence, et fait adopter un tracé défectueux ? Le gouvernement au contraire, soumis par la publicité à un contrôle de tous les instants, tuteur des intérêts généraux du pays, est plus dégagé de toutes ces petites passions que fait naître l'esprit de localité. Nous ne voulons pas dire qu'il n'ait quelquefois la faiblesse d'y céder, mais à tout prendre, il y est moins enclin et ses plans sont de nature à se mieux coordonner, et à présenter un caractère plus conforme aux grands intérêts de la nation ; aussi serait-il à souhaiter qu'avant de faire en France des chemins de fer on eût procédé par des études générales et déterminées par un plan systématique, qu'on eût arrêté à l'avance les directions, les lignes, et que les compagnies concessionnaires eussent été dans l'obligation de respecter et de suivre les tracés approuvés par l'administration supérieure. En même temps, tous ces ingénieurs, dont la réunion eut formé comme un vaste comité d'enquête, eussent recueilli tous les documents économiques et statistiques si importants pour un pareil travail. Car la question économique est au moins aussi importante à étudier, aussi féconde dans ses résultats que la question d'art. De cette manière chaque ligne, chaque tronçon de chemin de fer, exécuté soit par l'Etat, soit par une compagnie, eût été en quelque sorte un fragment d'une grande pensée unitaire : une fois établi, il aurait trouvé place dans le système général de nos nouvelles voies de communication. Chacune de ces parties une fois construite dans son entier aurait présenté un système complet qui lui-même serait venu se relier au grand système général. C'est ainsi que les Anglais ont toujours procédé, et de nos jours nos voisins, les Belges, ont avec fruit suivi leur exemple. Avec les vues pratiques, avec l'intelligence des affaires qui caractérise les habitans de la Grande-Bretagne, non seulement ils ont essayé de relier entre eux leurs chemins de fer de manière à croiser le territoire dans tous les sens, mais ils les ont combiné avec les routes ordinaires, les canaux, les rivières, de manière à ce que les diverses parties d'un même système vinssent ensemble aboutir à un point central qui est ordinairement un port d'exportation (1). En France au contraire, on a agi sans ordre, sans idée-mère, sans principes arrêtés ; on a fait pour les chemins de fer ce qu'on avait fait précédemment pour les canaux, on les a éparpillés ça et là sur le territoire, sans s'inquiéter aucunement de leur utilité dans le présent ou dans l'avenir. Aussi que d'efforts inutiles ! que de capitaux imprudemment dépensés ! que de découragements et de mécomptes !

Un autre avantage eût encore résulté pour le pays de l'exécution par l'État, c'est l'avantage pécuniaire. Les chambres ne l'ont pas compris, et en cela elles ont subi la loi de leur nature, de leur organisation. Il est en effet presque impossible qu'un grand corps délibérant puisse

(1) De 1801 à 1840, 135 chemins de fer ont été construits dans la Grande-Bretagne, ou sont en cours d'exécution. Leurs noms, la date de leur concession et celle de leur ouverture, leurs embranchements, leur longueur en milles anglais, le chiffre du capital primitif et du capital actuel, la nature de la force motrice employée pour les transports se trouvent relatés avec tous leurs détails dans un ouvrage qui a pour titre : *The Companion to the Almanac, or year-book of general information for the year of our lord* 1841, pages 62 à 82. Nous aimons mieux y renvoyer le lecteur.

administrer avec fruit. Lorsque les divers systèmes d'exécution se sont produits à la tribune, elles ont rejeté la loi présentée par Mr Martin (du Nord), et elles ont bien fait, car elle était absurde. Le ministre qui, au fond n'avait point de système, qui, peu capable de diriger de pareils débats, se laissait traîner à la remorque par toutes les fractions de la chambre, demandait l'établissement aux frais de l'État de trois ou quatre grandes lignes d'une importance d'au moins 4 à 500 millions, et satisfaisait à ces énormes dépenses par de petites subventions annuelles demandées à l'impôt. Dabord, de cette manière, les chemins de fer ne se seraient jamais faits en France, ensuite le mode d'exécution était injuste. Il était inique en effet de grêver par l'augmentation de l'impôt les générations présentes au profit des générations futures qui devaient retirer tout le bénéfice de cette nouvelle viabilité. La chambre a donc sagement fait de rejeter la combinaison ministérielle : mais elle aurait dû adopter le principe en modifiant l'exécution: De quelle manière? nous allons le dire, en exécutant les grandes lignes proposées immédiatement, et en demandant à l'emprunt les ressources nécessaires. Ce mode est en effet *bien plus actif*, *plus économique dans le présent*, *plus lucratif dans l'avenir* que la confection par la voie des compagnies, nous dirons plus, c'est le seul rationnel, le seul praticable, au moins pour les lignes de quelque importance : car il n'est malheureusement que trop vrai, l'esprit d'association n'a pas encore poussé en France d'assez profondes racines, et d'un autre côté, la propriété, la richesse y sont trop divisées pour y voir se former ces puissantes sociétés industrielles qui, chez nos voisins, réalisent avec tant de célérité les plus grands travaux publics. *Bien plus actif*, disons-nous, car au nom de l'État, les expropriations sont bien plus rapides, les agents plus empressés. Elles éprouvent aussi moins de résistance de la part des propriétaires, plus de confiance dans la solvabilité et le crédit de ceux qui leur demandent l'abandon de leurs propriétés. A la première demande de l'État, l'argent accourt, ainsi point d'intérêts perdus, point de versements en retard, point de poursuites en déchéance, point d'actionnaires timorés ou récalcitrants. De là plus d'activité dans les travaux, plus de célérité dans l'exécution, partant plus d'utilité pour le pays; car tout le monde reconnaîtra facilement que les grands travaux publics sont d'autant plus utiles qu'ils sont poussés avec vigueur, et terminés dans un court espace de temps.

Mais, diront sans doute ici nos adversaires, on connaît la lenteur proverbiale de l'administration des Ponts-et-Chaussées, on sait que tout ce que font les agens de l'État l'est toujours avec beaucoup plus de frais que par l'industrie particulière. A cette objection nous répondrons que rien n'est plus facile que de concilier la confection par les Ponts-et-Chaussées, et la solidité indispensable à de pareils ouvrages, avec la célérité qui doit présider à leur confection. Une fois la direction arrêtée, et les plans approuvés, qui empêche de diviser la ligne entière en un certain nombre de fractions, et d'adjuger avec publicité et concurrence chaque tronçon à des entrepreneurs particuliers qui conduiront ces travaux sur plusieurs points à la fois sous la direction des ingénieurs du gouvernement? Il faudrait seulement avoir soin d'espacer assez les divers ateliers de terrassement pour que la concentration d'un grand nombre d'ouvriers sur des points limitrophes n'amenât pas dans le prix des salaires une hausse, qui, en déroutant les calculs de l'entrepreneur, nuirait soit à la célérité, soit à la bonne exécution des travaux. L'emprunt permettant à l'État de disposer immédiatement de tout ou partie du capital nécessaire à la confection du chemin, lui donnerait en même temps la facilité, quelque fût l'étendue de la ligne, de faire travailler sur autant de points qu'il le jugerait convenable : or, cet avantage est la plupart du temps refusé aux compagnies, qui ne peuvent obtenir que par des versemens successifs l'argent de leurs actionnaires, et n'ont que trop souvent à lutter contre des refus de paiement qui compromettent le succès de l'entreprise, et quelquefois même, par leurs conséquences, l'existence de la société.

Nous avons ajouté : *plus économique pour le présent, plus lucratif pour l'avenir*. Nous maintenons que l'État peut construire une grande ligne de chemin de fer à meilleur marché qu'une compagnie industrielle. Ces dernières, en effet, qu'elles aient leurs ingénieurs à elles, ou qu'elles empruntent ceux de l'administration des Ponts-et-Chaussées, n'en doivent pas moins leur solder leurs honoraires, absolument comme quand on charge un architecte de vous construire une maison. Ces honoraires, qui sont proportionnels au montant des travaux, sont naturellement fort élevés, et augmentent d'autant les charges de la compagnie. L'État au contraire, qui a pour ainsi dire à sa solde un corps régulier d'ingénieurs, emploie quelques uns d'entre eux à faire des chemins de fer au lieu de leur faire faire des routes ou des canaux, et si outre leur salaire annuel, qui, comme on sait, est fort modique, on leur allouait une indemnité de frais de tournée ou de frais de bureau, elle serait si peu considérable que les frais d'exécution ne seraient qu'insensiblement accrus. Pendant ce temps, les ingénieurs des mines, qui, comme ceux des Ponts-et-Chaussées, doivent être à la disposition du gouvernement, recevraient les fers, les fontes, surveilleraient la confection des machines et du matériel, et enfin comme chefs d'ateliers de terrassement, comme contre-maîtres pour une foule de travaux, les sous-officiers du génie pourraient, moyennant une prime modique, rendre de très utiles services.

D'un autre côté, l'exploitation des chemins de fer par l'État pourrait être la source d'autres bénéfices par la réduction qu'elle opérerait dans les impôts affectés à d'autres branches du service public. Il suffirait pour cela d'imiter une combinaison, qui, depuis longtemps, est pratiquée en Prusse. Dans ce royaume, un grand nombre de places d'un ordre inférieur, telles que celles de gardiens, de concierges, de conducteurs de messageries, de courriers, de facteurs, de buralistes, etc., sont données à d'anciens militaires encore jeunes et valides, à d'ex-sous-officiers constamment bien notés, ou à d'autres individus ayant bien mérité de l'Etat, qui leur doit en échange une pension militaire ou civile. Ces individus font l'abandon temporaire de ce qui leur est dû, pour occuper une place d'un traitement supérieur au chiffre de leur pension, et qui après avoir été remplie par eux pendant un certain nombre d'années, leur assure une retraite un peu plus forte. L'État de son côté ne peut tirer que de bons et utiles services d'hommes façonnés à l'obéissance, à l'exactitude, à la discipline, et qui offrent pour garantie de leur vie future l'irréprochabilité de leur vie passée. Ceux-ci ont d'autant plus d'intérêt à remplir fidèlement leur devoir que leur position est améliorée et que le traitement qu'ils reçoivent dans leurs nouvelles fonctions est supérieur au chiffre de leur pension. Il se pratique en France quelque chose d'analogue : d'anciens militaires sont ordinairement admis après un certain âge à échanger leur pension contre une entrée à l'hôtel royal des Invalides. Ainsi chez nous, et pour le service des chemins de fer qui doit être fait avec une régularité toute militaire, on pourrait recruter parmi ces hommes une foule d'emplois inférieurs, prendre parmi eux les facteurs, les portiers, les cantonniers, les conducteurs de wagons, les buralistes et une foule d'autres employés.

Enfin, autre considération : nous avons dit tout à

l'heure que la confection par l'État était plus économique que par le moyen des compagnies, nous allons plus loin, nous dirons qu'elle pourrait fort bien ne rien coûter du tout. Il suffit pour cela de comparer la position de l'État et celle des compagnies. En effet tout actionnaire qui ne reçoit pas au moins 5 0/0 d'intérêt et même en outre un léger dividende, croit avoir fait une mauvaise affaire, et même il est douteux qu'il eût donné sa souscription s'il n'avait espéré retirer que 5 0/0 net. Il faut donc qu'entre les mains d'une compagnie un chemin de fer rende plus de 5 0/0 si l'on ne veut pas que la méfiance et le découragement s'emparent du public. Or avec les frais énormes d'entretien, avec le prix du fer et du combustible en France, les lignes qui rendront au delà de 5 0/0 devront être considérées comme des lignes excellentes : Une compagnie a donc absolument besoin de faire des bénéfices; pour elle, c'est même une nécessité, une question de vie ou de mort. L'État au contraire peut fort bien se contenter de couvrir ses frais, car il n'a pas besoin de gagner, et d'un autre côté, si l'entreprise rapporte, il peut appliquer l'excédant des recettes soit à toutes les impenses d'amélioration que réclame la ligne en question, soit à des réductions de prix. Ainsi admettons pour un moment qu'une ligne doive coûter cent millions, l'Etat fait un emprunt de cette somme à 3 0/0. Une compagnie au contraire, est obligée de donner à ses actionnaires au moins 5 0/0.

Ainsi, tandis que l'État n'a besoin que de renter son capital à 3 0/0, la compagnie a à payer à 5 l'intérêt du sien, et encore, si elle se bornait uniquement à payer ses intérêts, elle ne serait pas assez solide pour ne pas faire craindre quelques revers à l'esprit timoré de ses actionnaires. Or, il est facile de concevoir qu'il y a bien plus de chance de gagner 3 0/0 que 5 0/0; car en France il ne faudra compter dans les recettes que les prix du transport des voyageurs, les chemins de fer n'y porteront que peu ou point de marchandises, et seulement par exception et dans certaines circonstances données.

Toutes les fois, en effet, qu'on s'est occupé d'évaluer par avance les recettes probables d'un chemin de fer à établir, on a voulu dans la plupart des devis, faire entrer en ligne de compte celles à provenir du transport des colis et des marchandises; il nous sera facile de prouver que cette manière de procéder repose sur une inexacte appréciation des faits. En France, les chemins de fer ne pourront pas, dans le transport des marchandises, faire concurrence au roulage ordinaire, ou du moins ne le pourront que par exception, et, dans tous les cas, les dépenses du matériel et les frais de traction seront si considérables qu'ils devront s'abstenir de porter toute marchandise un peu lourde, et se borner uniquement à des objets de petite messagerie, à des paquets qui, sous un petit volume, renferment une grande valeur, et enfin toutes les fois qu'ils aboutiront à une ville de quelqu'importance, à des denrées de consommation immédiate et d'une conservation difficile. Dabord partout où existeront des voies navigables, soit naturelles, soit artificielles, la voie d'eau sera exclusivement consacrée, et avec un immense avantage, au transport des marchandises encombrantes qui, sous un gros volume ou un poids considérable, renferment peu de valeur proportionnelle, telles, par exemple, que les combustibles de toute nature, les matières premières nécessaires à l'industrie, les matériaux de construction, les métaux, les minerais, les fourrages, les engrais, etc. Cette voie sera également préférée à cause de son bon marché et de sa commodité pour le transport de toute marchandise dont le destinataire n'aura pas un pressant besoin, et pour une foule d'autres objets, le roulage ordinaire fera, par la modicité de ses prix, une dangereuse concurrence.

Mais d'où vient cette différence? pourquoi la France est-elle ainsi placée sous ce rapport dans une position exceptionnelle? La raison en est facile à saisir. En Angleterre, en Belgique, en Hollande, en Prusse et dans la majeure partie des États de l'Allemagne, le parcours des routes est assujetti à des droits de chaussée qui servent à leur entretien et à leur réparation, c'est ce qu'on appelle Turnpikes, Tolls, Chaussée-Geld, Barrière-Geld, etc. Vous ne pouvez passer devant une barrière sans y payer le droit qui, en se répétant seulement plusieurs fois, devient assez onéreux. Dans ces pays, le roulage a donc à se faire rembourser par les destinataires, indépendamment de ses frais propres, et de l'indemnité qu'il a le droit d'exiger pour le service rendu, un supplément de prix qui doit correspondre à la somme de l'impôt payé à chacune de ces barrières, et qui est à-peu-près celle qui sur un chemin de fer représente les frais d'entretien et de réparation de la voie. Or du moment que les prix se balancent, nul doute que l'avantage qui résulte pour les chemins de fer de leur commodité, et surtout de leur rapidité, ne donne la préférence à ce mode de transport; mais en France au contraire, les routes, les chemins sont donnés sans péage à tout le monde, le parcours en est gratuit; par conséquent le roulage n'a à prélever exactement que ses frais et le bénéfice pour le service rendu; aussi est-il meilleur marché que dans tout autre pays du monde, et partant plus économique que tout autre transport correspondant par la voie des chemins de fer.

On objectera peut-être à ce raisonnement le transport de marchandises établi par la compagnie du chemin de fer de Saint-Germain sur l'étendue de son parcours. D'abord il se borne presque exclusivement à des commissions, des objets de petite messagerie et à quelques denrées de consommation régulière telle que le lait. On y a porté aussi des pierres de taille de forte dimension, mais c'était pour les constructions de la compagnie, et plus tard, si des vins, des cotons, des denrées coloniales ont été transportés à Paris par cette voie, il ne faut l'attribuer qu'à la gelée de la Seine qui a nécessité inopinément le déchargement des bateaux. Ce service était donc de la part de la compagnie tout-à-fait exceptionnel.

Notre assertion reste donc entière. En France, les chemins de fer ne doivent compter que sur les recettes que leur donnera le transport des voyageurs, car les marchandises et les colis y seront en si petite quantité, et les frais de traction proportionnellement si considérables à cause de la cherté du combustible, qu'elles ne sauraient exercer sur les recettes aucune influence satisfaisante, et que les bénéfices ne seront dans tous les cas que fort minces.

Ceci posé, poursuivons notre comparaison :

Des deux côtés le fonds d'amortissement est le même; quant aux dépenses d'exécution, elles seront encore les mêmes, sauf une différence au profit de l'État, le salaire des ingénieurs : pour celles d'entretien nous avons exposé une combinaison qui seule peut être employée par l'État, et dont le résultat doit être l'allègement des charges publiques. Ainsi de toutes manières, l'exécution par l'État avec des frais d'établissement moindres donnera des recettes proportionnellement plus élevées.

Nous venons de supposer une ligne qui aura couté cent millions : qu'après avoir soldé toutes les dépenses d'entretien l'État retire seulement un bénéfice de 3 0/0 qui lui servira à renter le capital emprunté, que parconséquent il ne gagne absolument rien, nous soutenons qu'il aura fait une entreprise superbe, et nous disons plus, très lucrative pour le pays. Car en admettant qu'il ne gagne rien, l'accroissement des transactions, l'activité imprimée aux affaires, les développements de l'industrie, le mouvement des personnes et des choses, la mobilité des capitaux, la valeur donnée à une foule d'objets jusque là inconnus ou dépréciés, sera pour le pays tout entier un incalculable avantage et toutes ces causes réunies agiront de la manière la plus heureuse sur toutes les branches de la richesse publique. Une compagnie au contraire, dont les dépenses d'établissement, de même que celles d'entretien, sont plus considérables, si elle ne gagne que 5 0/0 fait une affaire qui sera généralement regardée comme détestable, car un intérêt aussi minime ne peut couvrir pour l'actionnaire les chances qu'il court en mettant ses fonds dans une entreprise industrielle.

Enfin, disent les soutiens des compagnies, tout ce que l'État peut faire, elles peuvent le faire aussi bien, avec un égal avantage : ainsi, par exemple, l'État, en faisant une concession, peut très bien inscrire au cahier des charges une clause qui forcera la compagnie concessionnaire à lui transporter gratuitement, ou à prix réduit, ses lettres, ses dépêches, ses fonds, ses prisonniers, ses gendarmes, ses fonctionnaires et jusqu'à ses troupes et ses fournitures. Mais la compagnie, tout en subissant les clauses de son cahier des charges, s'arrangera toujours à ne pas y perdre, et pour compenser la perte faite sur ce point, demandera ou une prolongation dans le temps de la concession, ou des élévations de tarifs, ou l'adoption de toute autre clause contraire aux intérêts du public. Si au contraire l'État n'a pas réservé la clause dont nous parlons, la compagnie lui fera payer d'abord le prix coutant du service, puis, comme il faut que chacun vive de son industrie, une indemnité pour le service rendu. L'Etat propriétaire peut au contraire, non seulement effectuer tous ses transports au prix coûtant, mais encore réaliser des économies sur d'autres branches des services publics, en réduisant dans une forte proportion les indemnités qu'il est dans l'habitude d'allouer aux soldats, aux fonctionnaires en inspection, aux agens en tournée, aux jurés qui se rendent au chef-lieu de la cour d'assises, etc.

Ainsi de toute manière, et dans ces diverses hypothèses, il y aura bénéfice pour l'État, et partant, pour la généralité des habitants, à exécuter ainsi que nous le proposons, les chemins de fer en France, au moins en ce qui concerne les grandes lignes, les seules dont la construction immédiate soit impérieusement réclamée.

Enfin, il nous reste un troisième système à examiner, celui de l'exécution par les compagnies avec une subvention de l'État, soit en argent, au moyen soit d'une prise d'actions, soit de la garantie d'un minimum d'intérêt. L'une ou l'autre de ces trois hypothèses, est-elle plus profitable à l'État que la confection pure et simple à ses frais, mais au moyen d'un emprunt à 3 0/0? C'est ce que nous allons examiner.

La subvention en argent appliquée aux chemins de fer, pour être de quelque utilité doit-être considérable, or toute subvention constitue le déboursé immédiat d'un capital, et tout capital emporte avec lui son intérêt. La subvention au moyen d'une prise d'actions, en rendant l'Etat un des plus forts actionnaires et lui attribuant dans les délibérations une influence proportionnelle à sa mise de fonds, amènera des conflits qui nuiront sans aucun doute à la bonne exécution de l'entreprise. Reste donc la troisième hypothèse, la garantie d'un minimum d'intérêt.

Ce mode de subvention n'est pas nouveau, car il a été déjà employé pour les canaux et nous devons dire que cet essai n'a pas été heureux. Il est vrai que la garantie était de 6 0/0, et l'amortissement de 1 0/0; or comme les produits n'étaient que d'environ 3 0/0, on conçoit quelles devaient être les pertes de l'État, obligé en outre à tous les frais de surveillance. Les administrateurs, certains de recevoir sans peine, et quelque fussent les éventualités, un intérêt fort élevé de leurs capitaux, ne faisaient ni aucune modification à leurs tarifs, ni aucune tentative d'amélioration.

En donnant aux chemins de fer en projet la garantie d'un minimum d'intérêt, l'État ne sait ni pour quel temps ni pour quelle somme il s'engage. Car on connaît l'arbitraire, l'inexactitude des devis, dont l'évaluation primitive est toujours dépassée, souvent doublée; d'un autre côté, comme la garantie ne pourrait qu'être proportionnelle au montant définitif des travaux, l'État intéressé par conséquent à ce que son chiffre ne montât pas trop haut, serait obligé de créer une administration spéciale pour en surveiller l'exécution : alors de deux choses l'une, ou ses agens se laisseraient acheter par la compagnie pour rester dans l'inaction, ou des conflits perpétuels viendraient à chaque instant compromettre la marche et le succès de l'entreprise.

En second lieu, qui ne voit qu'une pareille combinaison n'est autre chose qu'une prime offerte à l'agiotage, qu'un moyen de soutenir au détriment des revenus de l'État un papier qui sans cela serait sans valeur? en admettant que le chiffre de la garantie ne soit que de 4 0/0 ainsi qu'il a été proposé, les actionnaires reçoivent un intérêt de 4 0/0 sans chances de perte. Ces titres sont entre leurs mains de véritables inscriptions de rente avec espoir et chance d'accroissement si non de dividende. Le jeu les ferait alors monter outre mesure. Or quelqu'espérance qu'on puisse fonder avec le temps sur les revenus probables des chemins de fer, il est douteux qu'ils rapportent pendant longtemps plus de 4 0/0, surtout entre les mains d'administrations qui sûres de percevoir un intérêt de 4 0/0, ne feraient rien pour améliorer l'état de leur entreprise.

En résumé, si les chemins de fer sont susceptibles de

donner 4 0/0 de revenu net, les compagnies peuvent essayer de les construire, cet intérêt est convenable et suffisant pour tenter les actionnaires, surtout si les hommes placés à la tête de l'entreprise présentent en outre des garanties personnelles : si au contraire, ils doivent donner moins, il faut rejeter une combinaison qui donnerait à l'État toutes les chances de perte, et aux concessionnaires toute l'éventualité des bénéfices.

L'exécution par l'État au moyen d'un emprunt à 3 0/0 reste donc seule praticable, seule utile aux véritables intérêts du pays. Ces principes posés, passons à leur application. Nous ne croyons pouvoir mieux faire pour y parvenir que de faire, en quelque sorte, l'histoire de quelques-uns des chemins de fer votés dans les précédentes sessions de nos chambres législatives.

CHAPITRE II.

DU CHEMIN DE PARIS A ROUEN. — DU CHEMIN DE PARIS AU HAVRE ET A DIEPPE. — LES DEUX TRACÉS.

Quatre grandes lignes sont dans le moment d'une importance indispensable pour les destinées politiques, financières et industrielles de la France; déjà elles auraient dû être, sinon complètement terminées, au moins achevées sur une grande partie de leur parcours; et on aurait dû d'autant mieux se mettre à l'œuvre, que, plus que toutes autres lignes, elles sont capables de donner des bénéfices. Au premier rang nous placerons la ligne de Paris non à Rouen, mais au Hâvre, à la mer. Son importance est facilement comprise ainsi que celle du chemin de Paris à Bruxelles. Nos rapports avec le Levant et nos possessions d'Afrique, notre position sur la Méditerranée, le transit considérable qui se fait par la Suisse, les difficultés énormes, et quelquefois insurmontables, les frais, les lenteurs que présentent la remontée du Rhône, et une foule d'autres causes encore, assignent la troisième place à la ligne de Marseille à Lyon; mais à la condition de relier Toulon par un bout, et de l'autre d'atteindre jusqu'à Genève. Enfin l'innavigabilité presque constante de la Loire, la population et la richesse des départements traversés, les facilités d'exécution mettent au 4me rang la ligne de Paris à Nantes; mais elle ne donnerait toute son utilité qu'en passant par le Mans et en reliant à la fin de son parcours Paimbœuf et Saint-Nazaire qui deviendraient alors sur chacune des deux rives de la Loire, deux ports supplémentaires pour le commerce de Nantes.

De ces quatre lignes, une seule a été essayée jusqu'ici, le tronçon de Paris à Rouen. Examinons un peu par quels moyens on est parvenu à compromettre l'avenir d'une si belle entreprise. D'abord on a commis une grande faute en ne faisant qu'un chemin de Paris à Rouen et non pas de Paris à la mer. Un chemin de fer ne peut donner toute son utilité qu'autant qu'il présente dans son développement un système complet. Or, quelle ligne plus belle, quel système plus complet que celui qui réunissait, pour ainsi dire, Paris, Rouen et le Hâvre, qui liait la capitale et la frontière, et posait en quelque sorte Paris en face de Londres, après avoir traversé les départements les plus peuplés, les plus industrieux de la France, départements d'autant plus importants que la richesse y est fondée sur la plus heureuse alliance de l'agriculture et de l'industrie? Nous n'hésitons pas à le reconnaître, une pareille ligne avec un parcours d'un quart moins étendu que celle de Londres à Liverpool, aujourd'hui la première et la plus belle ligne du monde, aurait offert encore plus d'éléments de succès et de prospérité, et une fois complétée avec ses ramifications et les embranchements qui s'adaptaient d'une manière naturelle à son tracé primitif, devenait pour la circulation le premier chemin de fer de l'Europe.

Au lieu de cette attrayante perspective, on est menacé de n'avoir qu'un tronçon de chemin de fer isolé dans son parcours, venant se perdre au fond d'une impasse. Telle sera la conséquence du tracé adopté dans la session de 1840. De tous ceux qui avaient été jusqu'ici proposés, on a choisi le plus défectueux, le plus mauvais sous tous les rapports; cette conclusion ne nous étonne pas, elle était dans la nature des choses; aussi aurions-nous cru devoir nous abstenir des observations que nous nous hasardons à publier aujourd'hui, sans les conséquences déplorables qui résulteront dans quelques années pour le pays du dernier vote de la chambre des Députés.

Ces conséquences nous les développerons plus bas: nous croyons devoir auparavant comparer les divers tracés proposés dans le principe pour lier Paris et la mer.

Deux tracés étaient en présence : l'un étudié, tant par des compagnies particulières que par les agens du gouvernement, recommandé par les ingénieurs des Ponts-et-Chaussées, approuvé tant par l'unanimité des commissions d'enquête que par l'administration supérieure, présentait un système complet. L'autre étudié par une compagnie particulière, rejeté par les enquêtes, désapprouvé par l'administration, n'offrait qu'un tronçon de ligne. Le premier se dirigeait en partant de Paris sur Saint-Denis, d'où il gagnait Pontoise par la vallée de Montmorency, puis en suivant les vallées de la Viosne, touchait Marines, Gisors, passait dans la vallée de l'Andelle, et là, se bifurquait en deux branches; l'une allait gagner le port de Rouen après avoir touché Elbeuf et Louviers, tandis que la branche principale atteignait Rouen par les hauteurs, et ensuite se prolongeait sur le Hâvre et sur Dieppe.

L'importance du tracé par Saint-Denis sera facilement appréciée, si nous ajoutons que d'après les relevés faits à la préfecture de la Seine, il a été constaté qu'il passait annuellement par la barrière Saint-Denis deux millions de voitures, tandis que les barrières de l'Étoile et du Roule, qui viennent immédiatement après, ne sont traversées que par douze cent mille. C'est donc dans la direction pour l'adoption de laquelle nous combattons qu'a lieu le plus actif mouvement de la capitale.

Ce tracé offre encore un autre avantage, c'est que si d'un côté il va se rattacher au canal de la Villette, de l'autre il peut atteindre, au moyen d'un second embranchement, la Gare Saint-Ouen et le quartier de Tivoli.

Le second tracé au contraire atteignait Poissy par Maisons, se dirigeait ensuite sur Mantes en suivant la vallée et la Seine, puis après avoir passé à Elbeuf et à Louviers, venait se perdre au port de Rouen, près du grand pont de pierre, sans issue ni continuation possibles.

Indépendamment des vices généraux de ce tracé qu'on a déjà pu remarquer, d'autres considérations devaient donner la préférence à la ligne par Pontoise et Gisors.

1°. Le trajet est plus court que par la vallée de la Seine;

2°. Ce tracé rattache avec Paris et Rouen la navigation de l'Oise et des canaux du Nord ;

3°. Il traverse des pays plus peuplés que par la vallée de la Seine ;

4°. Il peut desservir en même temps les villes du Nord ;

5°. Il permet une foule d'embranchements utiles qui deviennent impossibles avec le tracé rival ;

6°. Il ne fait point concurrence et double emploi avec une ligne navigable ;

7°. Son utilité est d'autant plus grande qu'il traverse un pays sans débouchés;

8°. Il est encore supérieur sous le rapport de l'industrie locale;

9°. Les dépenses d'exécution sont enfin bien moins élevées, les travaux d'art bien moins nombreux qu'avec le tracé par la vallée de la Seine.

Reprenons actuellement ces diverses propositions, et soumettons-les à un examen réfléchi :

1°. Le trajet de Paris à Rouen est, avec le tracé par Pontoise et Gisors de. . . . . 132 Kil
Par la vallée de la Seine de. 143
De Paris au Hâvre de. 226
Par la vallée de la Seine de. 241

Ainsi la différence est, pour la première partie, de 11 kilom.; pour la seconde, de 15 kilom. en faveur du premier tracé.

Pour l'embranchement de Dieppe, il est de 200 kilom. pour le premier tracé, de 214 pour le second, et présente ainsi un avantage de 14 kilom.; la supériorité lui est donc, sur ces trois points, incontestablement acquise.

2°. Un des plus grands inconvénients du tracé par la vallée de la Seine est de s'écarter de Pontoise (1). Il était,

(1) Pontoise, ville de 5,600 habitants, sur la rive droite de l'Oise, est le chef-lieu d'un arrondissement populeux, à la fois agricole et industriel. On y fait un grand commerce de farines, de grains, et de bestiaux. Elle possède une manufacture de produits chimiques, des fabriques de bonneterie, de vinaigre, des tanneries, des corroieries, des féculeries, etc. Indépendamment de ses marchés réguliers, ses foires qui s'y tiennent deux fois par an, notamment celle du mois de novembre, dite *de St-Martin*, y développent un énorme mouvement d'affaires.

en effet, d'une extrême importance de pouvoir rattacher la navigation de l'Oise et des canaux du Nord avec Paris et Rouen. Cette rivière est peut-être, sous le point de vue commercial, l'affluent le plus considérable de la Seine. Par la voie la plus courte et la plus économique, ainsi que l'ont déjà fait remarquer MM. Mellet et Henry, dans un excellent Mémoire publié sur ce sujet en 1836, et auquel nous avons emprunté plusieurs données de ce chapitre, la ligne que nous recommandons met en relation intime le commerce de l'Oise avec Paris et Rouen. Dans le premier cas, elle réduit à 6 lieues le parcours de Pontoise à Paris, qui, par eau, est de 11 lieues; et à une heure le temps du trajet que la remonte pénible de la Seine fait durer 4 à 5 jours. Dans le second, le trajet de Pontoise à Rouen n'est plus, par le chemin de fer, que de 26 lieues au lieu de 45 par la rivière, et la remonte se ferait en 4 heures au lieu d'une dizaine de jours (1).

Le tonnage de l'Oise, toujours croissant, atteint déjà près de 600,000 tonnes par an. L'ouverture des canaux de la Sambre à l'Oise, de la Meuse à l'Aisne, ajoute chaque année à son développement. C'est aujourd'hui la route que prennent pour se diriger sur Paris une partie des houilles du Nord et de la Belgique; nous devons ajouter que pendant plusieurs mois de l'année un service régulier de bateaux à vapeur contribue puissamment à augmenter le nombre et l'étendue de ses relations et l'activité de son commerce.

3°. Nous avons posé en outre que la population était plus dense, plus nombreuse par la ligne par Pontoise et Gisors que par la vallée de la Seine; il suffira pour s'en convaincre de comparer le chiffre de la population dans chacun des cantons traversés par les deux lignes.

(1) V. Le Mémoire publié en 1836 par MM. Mellet et Henry. *Passim.*

Ligne de Gisors.	Habitants.	Vallée de la Seine.	Habitants.
St-Denis . . .	20,000	Argenteuil. . .	16,000
Montmorency . .	13,500	Poissy	15,000
Pontoise . . .	16,000	Meulan. . . .	12,000
Marines. . . .	15,000	Livray	9,500
Magny	12,000	Mantes	14,000
Chaumont . . .	13,000	Asnières . . .	12,500
Gisors	11,000	Vernon. . . .	9,000
Etrépagny . . .	10,000	Gaillon	12,000
Ervins	15,500	Total . .	100,000
Livry	9,000		
Total, . .	131,000		

Ainsi, depuis Paris jusqu'à l'endroit où les deux tracés se confondent, celui par Pontoise et Gisors présente une supériorité de population de 31,000 habitants, qui naturellement devront contribuer d'autant à vivifier l'activité de son parcours.

4°. Un autre avantage d'une haute importance et qui à lui seul suffirait pour donner la préférence à la ligne par Pontoise, est de pouvoir en même temps desservir les villes du Nord, soit en se portant sur Lille, sur Valenciennes et Dunkerque d'un côté, sur Calais et Boulogne de l'autre, en contournant le coteau de Montmorency, ou en gagnant Amiens en partant de Marines et en passant par Beauvais.

Ce tracé, outre qu'il ne nécessiterait qu'une seule gare dans Paris, offrirait encore un énorme avantage sous le rapport de l'économie, celui d'un parcours commun d'une vingtaine de kilomètres.

5°. Embranchements : un chemin de fer, surtout une grande ligne, ne se compose pas seulement de l'artère principale qui unit les deux points extrêmes, une foule d'embranchements plus ou moins éloignés qui viennent peu à peu se greffer sur la ligne principale, font participer tous les lieux circonvoisins aux bénéfices de cette nouvelle viabilité. Chacun des pays reliés par ce mode apporte son tribut de voyageurs, de transports de toute nature. Les distances se rapprochent sur une plus grande échelle, de nouvelles voies s'ouvrent au commerce, aux transactions, aux échanges, souvent même ces petits chemins latéraux contribuent dans une assez forte proportion aux produits de la ligne principale. Il est donc de la plus haute importance de choisir un tracé qui offre un certain nombre d'embranchements. Or, par la ligne de la vallée, qu'elle est le seul embranchement possible? Celui d'Evreux, ville qui déjà est desservie sur la capitale par des communications rapides, régulières, à bon marché. En second lieu l'importance de cette capitale du département de l'Eure exige-t-elle immédiatement la confection d'un embranchement dont le devis primitif est évalué à dix millions? nous ne le pensons pas. Suivons au contraire le tracé de la ligne rivale par Pontoise et Gisors : en partant de Paris, et quelques pas après la plaine qui entoure la Chapelle Saint-Denis, une heureuse bifurcation peut conduire le chemin de fer jusqu'au bord du canal de la Villette, et amener ainsi à bord de ses bateaux, avec la plus grande célérité et au meilleur marché possible, les denrées que le Hâvre, Rouen et les autres villes de son parcours enverront aux places de l'Est.

« Suivez par la pensée un wagon partant du Hâvre, disait à la chambre des Députés M. J. de Chasseloup-Laubat, un wagon chargé de marchandises apportées par les bâtiments à vapeur transatlantiques; supposez que par une ligne sans solution de continuité, il atteigne le canal de la Villette, il pourra par un seul transbordement, au moyen du canal de la Marne au Rhin, venir alimenter la navigation du Rhin, ou prendre le chemin de fer de Strasbourg à Bâle, et d'un autre côté, au moyen du canal de la Marne à la Saône, verser son chargement dans la Méditerranée». De tels résultats sont impossibles avec le tracé par la vallée de la Seine. (V. Le discours de M. le marquis de Chasseloup-Laubat, député de la Seine-Inférieure, séance du 16 juin 1840.)

Plus loin, Luzarches, si important pour le commerce des grains, des farines et l'approvisionnement de Paris, qui possède plusieurs fabriques, Chantilly, peuvent se relier par un embranchement qui contournerait le plateau de Montmorency. Marines, situé au centre d'un pays agricole privé de cours d'eau ou de voie navigable, marché également destiné à l'approvisionnement de Paris, deviendrait sur cette ligne le point de départ d'un autre embranchement qui ne serait point sans importance, celui de Beauvais. Dans l'état actuel des choses et des communications existantes, la Picardie et la partie de la France autrefois connue sous le nom de Vexin-français, n'ont entre elles presque aucunes relations. Cet isolement cesserait avec le chemin de fer qui opérerait une fusion salutaire aux intérêts généraux. L'industrie de Beauvais, l'agriculture du canton de Marines et de cette fraction du département de Seine-et-Oise trouveraient dans de mutuels et faciles échanges de nouvelles causes de développement. De Marines, un autre petit embranchement se porterait facilement sur Magny, gros bourg de quinze cents habitants, qui possède des tanneries, des fabriques de bonneterie et de toiles de chanvre, centre d'un canton aussi riche qu'industrieux, et qui appelle de ses vœux des relations plus rapides avec Paris, où ses besoins et les intérêts de son commerce l'amènent chaque jour.

Un peu plus loin, tout près de Gisors, un autre embranchement se porterait sur Gournay, sur Forges où l'on trouve à la fois des eaux minérales et des gisements de minerais de fer, sur tout le riche pays de Bray, et pourrait s'étendre jusqu'à Neufchatel.

Si l'on veut se reporter à l'observation que nous avons

faite plus haut, savoir qu'au prix ou le fer et le combustible sont en France, et avec le bon marché de nos transports par terre, les chemins de fer transporteront difficilement des marchandises et des colis, mais surtout des choses qui, sous un petit volume, renferment une grande valeur, et avant tout des objets susceptibles d'un placement immédiat et en même temps d'une conservation difficile, tels par exemple que les denrées de consommation : ne sera-t-on pas amené à convenir que c'est sur la ligne que nous venons d'indiquer que pourra avoir lieu la plus grande masse de transports productifs? Combien de produits aujourd'hui sans valeur, inconnus même, en acquerraient une énorme du moment qu'ils auraient sur Paris un écoulement direct, facile, quotidien?

Enfin, au-delà de Rouen, la prolongation jusqu'à Dieppe devient possible avec la ligne que nous indiquons, elle ne l'est plus avec le tracé par la vallée de la Seine. Or, pour Dieppe, (1) ville autrefois si belle, si florissante, si riche de

(1) Dieppe, sur l'Arques, la Béthune et l'Aulne, d'une population de 17,000 habitants, desservie par trois routes royales (n°s 15, 25, et 27), et par une route départementale (n° 5), port d'échouage situé à l'embouchure de ces trois rivières, qui se compose d'un chenal, d'un port proprement dit, et d'un arrière port qui assèchent à chaque marée, d'un bassin à flot et d'une retenue pour les chasses. Le bassin à flot dans lequel les navires entrent par une écluse de 14 mètres de largeur offre une longueur de 560 mètres, une surface de 3 hectares, et peut contenir 25 grands navires. Outre une écluse de chasse et une cale de radoub, il possède encore un gril de carénage et une grue pour le déchargement et le mâtage des navires.

En vertu de la loi spéciale du 19 juillet 1837, on construit sur la plage à l'ouest du port cinq épis pour régulariser la marche du galet.

Le tonnage de Dieppe, en 1837, était de 79,259 t., et la moyenne des droits de douane acquittés pendant un espace de cinq années, de 1833 à 1837, de 345,787 fr. (V. la Statistique de

son commerce et de ses lointaines expéditions, réduite aujourd'hui aux mesquines proportions d'un port de pêche, et d'une espèce de villa maritime, visitée quelques instants de l'année par des baigneurs et des oisifs, le chemin de fer était une question de vie ou de mort, lui seul pouvait rappeler dans son port les navires qui le désertent, dans ses murs sa population qui diminue, son commerce qui s'enfuit, ses capitaux qui s'amoindrissent et se perdent. A côté d'elle

ports maritimes de commerce, publiée par l'administration des Ponts-et-Chaussées. Paris 1839, impr. royale.

Le mouvement de son cabotage fut en 1839 de 98 navires jaugeant 4,114 tonneaux, montés par 412 hommes d'équipage qui ont importé 22,113 quintaux métriques de marchandises, et il est parti 389 navires jaugeant 19,543 tonneaux, montés par 2,060 hommes d'équipage qui ont exporté des cargaisons du poids de 177,764 quintaux métriques (V. Tableau général du cabotage pendant l'année 1839. Paris 1840, impr. royale.

Dieppe arme pour la pêche de la morue 60 navires jaugeant plus de 9,000 tonneaux. Cependant la pêche du hareng qui, dans les dernières années du 18me siècle, produisait moyennement 2,000,000 fr., donne à peine aujourd'hui de 8 à 900,000 francs : elle succombe sous les efforts du *chalut*.

Dieppe, station de la ligne de bateaux à vapeur entre la France et l'Angleterre par Brighton, importe principalement des bois du Nord, des fers de Suède, du chanvre de Russie, des graines oléagineuses, et toutes les productions du Nord. Elle exporte spécialement des blés et des farines pour le midi et le sud-ouest de la France, de l'huile de colza, du lin, des tourteaux.

Sans parler de l'importance bien connue de ses travaux en ivoire, Dieppe possède deux scieries mécaniques, une raffinerie de sucre, une célèbre manufacture de dentelles, des fabriques d'horlogerie. De nombreux établissements industriels sont disséminés dans les environs (V. Dictionnaire du Commerce et des marchandises, 1er vol. p. 796, art. de M. Lebaron fils).

une autre ville, Fécamp, (1) s'apprêtait à se relier à la ligne. Aujourd'hui son espoir est déçu, et elle voit s'échapper

(1) Fécamp, ville maritime d'une population de 10,000 habitants. Port d'échouage à l'embouchure de la rivière de Valmont, desservie par deux routes royales (n°s 25 et 26), est le centre d'un commerce fort étendu et qui augmente chaque jour. Port composé d'un chenal, d'un avant-port, d'un bassin à flot, et d'un bassin de retenue, il peut contenir cinquante navires; il possède un chantier de construction, et la chambre de Commerce s'occupe d'y faire construire un gril de carénage. Les fonds votés en vertu de la loi spéciale du 19 juillet 1837, ont permis de remplacer un éperon dangereux par une estacade à claire-voie, et de reconstruire les murs du quai de la Vicomté. En 1836, il est entré dans son port 43 navires anglais, 50 norwégiens, 3 prussiens, 2 russes, 10 à 12 bâtiments français venant de la Russie, 10 à 11 autres navires français venant du Portugal, et une vingtaine de caboteurs français.

Cette même année, Fécamp a armé 18 navires de 100 à 300 tonneaux pour la pêche de la morue; 24 bateaux pêcheurs faisaient la grande pêche au hareng, et jaugeaient 40 à 100 tonneaux chacun, armés de 20 à 30 hommes d'équipage; 14 bateaux pour la grande pêche du maquereau; 14 bateaux pour la petite pêche. En 1837 son tonnage fut de 58,559 tonneaux, et la moyenne des droits de douane payés en cinq ans, de 1833 à 1837, de 142,708 fr. Le mouvement de son cabotage fut en 1839 de 120 navires, jaugeant 4,541 tonneaux, et montés par 575 hommes d'équipage qui ont exporté 19,796 quintaux métriques de marchandises, et il en est entré 181, jaugeant 8,782 tonneaux, montés par 945 hommes d'équipage, et qui ont apporté des cargaisons du poids de 107,884 quintaux métriques (V. le Tableau général du mouvement du cabotage en 1839. Paris, impr. royale, 1840, et la Statistique des ports maritimes de commerce publiée en 1839 par l'administration des Ponts-et-Chaussées).

Le quartier maritime de Fécamp présente sur ses matricules 2,030 marins de toutes classes.

loin d'elle, et pour toujours peut-être, l'avenir qu'elle avait rêvé.

Nous n'en dirons pas davantage pour prouver combien des embranchements opportunément soudés à une grande ligne principale peuvent contribuer, tant à augmenter son parcours qu'à accroître ses produits et à faire rayonner au loin sur tous les pays environnants les bienfaits, qui, dans une autre hypothèse, seraient réservés exclusivement aux cantons traversés, et en particulier, pour les deux lignes qui nous occupent, la richesse d'embranchements de la ligne par Gisors peut-elle se comparer à l'unique et problématique embranchement qui viendra se relier à la ligne de la vallée?

6° Une autre considération qu'il faut également peser toutes les fois qu'on veut distribuer également l'activité sur toute l'étendue du territoire, et ne point favoriser une contrée au détriment d'une autre par d'injustes et d'irrationnelles préférences, c'est que la vallée de la Seine est déjà traversée par le fleuve, l'une des principales artères commerciales de la France, dont la navigation facile et économique tend tous les jours à s'améliorer. Le chemin de fer viendra ainsi faire concurrence à la voie navigable qui rendra ses profits plus chanceux, et compromettra peut-être des capitaux immenses sans utilité pour le pays.

7° Par Pontoise et Gisors, le chemin de fer est encore d'autant plus nécessaire qu'il traverse un pays sans débouchés: ainsi de Pontoise à Rouen pas une rivière navigable ou même flottable, pas un canal, seulement quelques routes, dispersées çà et là et dont quelques-unes, routes départe-

Fécamp possède en outre 9 filatures de coton, 3 scieries à vapeur, deux moulins hydrauliques, quatre moulins à huile de rabette, six tanneries (V. Dictionnaire du Commerce et des marchandises, p. 934, art. de M. Ed. Corbière. Paris 1837).

mentales de troisième classe, ne peuvent être considérées que comme des chemins vicinaux de grande communication. Avec une pareille viabilité, tous les voyageurs, tous les transports sont forcément conduits à se servir du chemin de fer, qui voit augmenter en même temps et son utilité et ses produits.

La vallée au contraire, desservie par la Seine, par une grande route royale qui la traverse et la longe tout entière, l'est encore par une foule de routes secondaires qui viennent aboutir à l'artère principale.

8º Sous le rapport de l'industrie locale, la contrée traversée par la ligne de Rouen par Pontoise et Gisors, bien que dépourvue de moyens de transports, a obtenu, grâce à ses avantages naturels, à la fécondité de son sol, à ses cours d'eau qu'on a su employer habilement au service des usines, un développement d'industrie bien supérieur à la partie correspondante de la vallée de la Seine. Sans parler de ses nombreuses usines disséminées dans les environs de Paris, il nous suffira de citer les machines et usines de Pontoise et des environs, la filature et la fabrique de Gisors, de Charleval, de Fleury, de Donville, les fonderies et ateliers de laminage de cuivre et de zinc de Romilly, les plus beaux et les plus considérables de France, les papeteries, les verreries, les tuileries, les tourbières, les poteries et une foule d'autres exploitations disseminées sur cette ligne (1).

9º Enfin les dépenses d'exécution sont bien plus élevées, les travaux d'art bien plus nombreux par la vallée de la Seine.

En effet, en admettant que le chemin parte seulement de Colombes, il faut deux ponts jusqu'à Poissy, un à Bezons, l'autre à Maisons, dans des endroits où la Seine ac-

(1) V. Le Mémoire de MM. Mellet et Henry déjà cité.

quiert une assez grande largeur, il faut un immense remblai qui le conduise à travers la plaine de Colombes à Maisons, et pour lequel on devra prendre une partie des terres dans la forêt de Saint-Germain, qu'il faudra traverser partie en tranchée ouverte, partie au niveau du sol ou en remblai; enfin ce tracé isole et ruine complètement Saint-Germain, la ville du département de Seine-et-Oise la plus importante sous le rapport commercial. A partir de Poissy, il faut aller jusqu'à Mantes à travers des terrains d'alluvion, des prairies, des jardins, des propriétés particulières où l'expropriation sera des plus couteuses, construire deux souterrains à Bonnières et à Venables de quatre mille mètres chaque, et enfin de Mantes jusqu'à Louviers, placer le chemin de fer sur les coteaux abruptes des rives de la Seine, au milieu des rochers, et encore démolir préalablement les maisons qui y sont assises.

Dans la ligne opposée que trouvons-nous? un pont sur l'Oise, un souterrain de 900 m. pour tourner le plateau des Roubiers, et un autre fort court au col de Tourville.

Un souterrain de 2,000 m. pour couper l'isthme de la forêt de Roumare, et une tranchée au col de Joinville, sont les seuls travaux d'art dans le prolongement jusqu'au Hâvre. Sur la ligne de Rouen à Dieppe il faut seulement un souterrain de 5 à 600 m. sous le plateau de Cottevrard.

Après cet examen comparatif, et l'exposé des avantages de toute nature qui doivent résulter pour le pays de l'adoption de la ligne que nous proposons, il nous semble incroyable qu'on ait hésité à lui accorder sur la ligne rivale une incontestable supériorité.

Nous dirons plus : la ligne de la vallée présente si peu d'avantages, et de si nombreux inconvénients, que jusqu'à ce qu'elle soit entièrement achevée nous douterons de son exécution.

Mais supposons pour un moment le chemin de fer terminé jusqu'à Rouen, et voyons un peu les conséquences qui pourront en résulter pour le pays en général, et quelles modifications il pourra apporter dans le mouvement général et dans la direction des voies commerciales aujourd'hui suivies.

CHAPITRE III.

CONSÉQUENCES DU VOTE DE LA CHAMBRE DES DÉPUTÉS. — DU COMMERCE DU HAVRE. — SA RUINE.

Ainsi que nous l'avons vu, la Chambre des Députés, pressée d'en finir avec une discussion qui la fatiguait, et à laquelle elle ne comprenait rien, sanctionna par son vote la concession à une compagnie d'un chemin de fer de Paris à Rouen par la vallée de la Seine. Apprécions actuellement les conséquences de ce vote sur le développement des intérêts nationaux, sur l'avenir même des chemins de fer, et sur celui du commerce du Hâvre, notre principal port marchand sur l'Océan.

L'utilité, nous dirons plus, la nécessité des chemins de fer est aujourd'hui partout reconnue, tout retard apporté dans leur établissement est de nature à compromettre gravement la fortune du pays. Mais pour lui donner tous les avantages dont ces nouvelles voies de locomotion doivent le doter un jour, faut-il encore que chaque chemin puisse être à lui seul un système complet, et non un tronçon de chemin, isolé, sans continuation, sans ramifications possibles : appliquons les conséquences de ce principe au chemin de Rouen par la vallée de la Seine, si imprudemment voté par la Chambre des Députés.

Le chemin de fer doit s'arrêter *provisoirement* à Rouen, près du pont, sur la rive gauche de la Seine, avec *l'intention de se continuer plus tard* jusqu'au Hâvre. Quoi qu'il en soit de cette intention en présence des difficultés du tracé à parcourir, nous voulons admettre qu'elle est réelle, et que quand le premier tronçon sera terminé jusqu'à Rouen, le gouvernement et les compagnies rivaliseront de bonne volonté et de sacrifices pour prolonger la ligne jusqu'au Hâvre. Mais à côté de cette bonne volonté se trouveront les difficultés d'exécution, qu'il faudra bien, bon gré, mal gré, compter pour quelque chose. Or elles sont tellement graves, il faut tant d'argent pour les vaincre que les devis, toujours si prudents en pareille matière, ont évalué les frais de la traversée de Rouen de 6 à 7 millions par kilomètre (1) ; ainsi la somme à débourser pour cette traversée égalerait presque celle qui compose le budget d'un Etat de troisième ordre, et l'on ne songe pas qu'avec ces ressources on ferait un chemin de fer tout entier. Celui de Strasbourg à Bâle ne doit coûter, d'après les devis et les promesses du concessionnaire, que 40 millions. Or, nous pouvons affirmer, et beaucoup de personnes conviendront avec nous, que dans le cas même où il serait prolongé jusqu'au Hâvre, il ne le sera pas immédiatement à l'expiration des 5 ou 6 ans nécessaires à la confection de la première partie. Il faut, en effet, du temps pour se décider à jeter autant de millions dans un parcours de quelques kilomètres. Eh qui sait l'avenir que les circonstances nous réservent ? Les compagnies déjà si pauvres, si épuisées, si impuissantes ne le seront-elles pas plus encore quand il faudra se livrer à d'aussi excessives dépenses ? Les actionnaires déjà si craintifs, si méticuleux, ne deviendront-ils pas encore

(1) V. Discours de M. de Chasseloup-Laubat, pag. 10, séance du 16 juin 1840.

plus timides en face de pareilles demandes? Que diront les Chambres? Que dira le Conseil d'Etat chargé, en vertu de ses pouvoirs, d'examiner en premier ressort les projets de lois et de concession? Et l'Etat lui-même, déjà obéré, déjà obligé de recourir aux ressources extraordinaires d'un emprunt pour faire face aux dépenses courantes, sera-t-il disposé à accorder à la compagnie concessionnaire une subvention qui, dans tous les cas, vu l'énormité des travaux, ne saurait être que considérable?

Tous ces obstacles, toutes ces irrésolutions auront toujours un résultat certain, c'est de retarder, indéfiniment peut-être, mais toujours au moins pendant un certain nombre d'années, la prolongation de la ligne de Rouen jusqu'au Hâvre. Or, pendant toutes ces hésitations, jusqu'à ce que les difficultés qui s'opposent à la continuation du chemin jusqu'à Dieppe et au Hâvre soient levées, ne se réalisera-t-il pas des combinaisons qui viendront porter un coup mortel au commerce de la Haute-Seine, et faire peut-être du Hâvre une place de commerce de deuxième ou de troisième ordre? Loin de nous la pensée d'évoquer du sein de l'avenir des impossibilités, nous voulons rester dans les limites du vrai, du vraisemblable, du prochain. Cet évènement c'est le chemin de fer de Paris à Lille destiné à mettre la capitale de la France en communication avec la Belgique, le Rhin et l'Escaut.

M. Legrand, sous-secrétaire d'état au département des Travaux Publics, avait assurément en vue le chemin de fer de Paris à la mer par Pontoise et Gisors, quand il disait en parlant du Hâvre (1) : « Pour qu'un port prospère, il

(1) V. Statistique des Ports maritimes de France, publiée en 1839 par l'administration des Ponts-et-Chaussées. Avertissement, pag. 9.

ne suffit pas qu'il soit heureusement situé sur la côte, que son accès soit sûr, que ses ouvrages intérieurs soient propices à la station des bâtiments, au chargement et au déchargement des navires, il faut encore qu'il puisse avoir des relations faciles avec les populations situées en arrière de sa position dans l'intérieur du royaume, et dès-lors il est aisé d'apprécier les développements que peut donner à son commerce l'ouverture d'un canal, l'*établissement d'un chemin de fer*, le perfectionnement d'une navigation. »

Tout le monde comprendra facilement de quelle importance est pour le pays une pareille voie de communication, le gouvernement en a proclamé hautement l'utilité en faisant exécuter, aux frais de l'Etat, les deux tronçons de Lille et de Valenciennes à la frontière belge, destinés à mettre ces deux opulentes cités en communication directe avec les chemins belges; les chambres le veulent, l'opinion s'est toujours prononcé favorablement en sa faveur, des sommités politiques et militaires le regardent comme un chemin stratégique du premier ordre pour la défense du pays en cas de collision européenne; la cour, dont il faut bien, sous un gouvernement constitué comme le nôtre, compter l'influence pour quelque chose, a en Belgique des intérêts de famille qui lui feraient toujours regarder avec une faveur marquée la construction d'une pareille ligne, enfin les riches et industrieuses populations du Nord, du Pas-de-Calais, de la Somme, de l'Oise se prêteraient avec joie à tous les sacrifices qui seraient de nature à réaliser un si immense progrès; de toutes manières donc, le chemin de fer de Paris à Lille ne peut tarder à s'exécuter, qu'il soit entrepris aux frais de l'Etat, ou concédé à une compagnie qui ne manquera pas de se présenter.

Or, le tracé que le gouvernement a fait, et à plusieurs reprises, étudier par ses ingénieurs, celui qu'il a adopté en dernier ressort, se dirige par le département de l'Oise du côté de Clermont (1), et va aboutir à Amiens, où il se bifurque : une des branches va trouver Boulogne et Calais, l'autre se dirige sur Lille : deux embranchements sont destinés à se porter, l'un sur Valenciennes, l'autre sur Dunkerque.

Ces embranchements utiles, et sans lesquels cette grande ligne ne saurait avoir qu'une viabilité imparfaite, sont dans les projets du gouvernement: mais n'y seraient-ils pas, des compagnies particulières se présenteraient à l'instant pour en demander la concession, et cela avec d'autant plus de certitude, que ces lignes ont déjà été concédées; déjà même la chambre de commerce de Dunkerque, aidée de plusieurs capitalistes, est en instance auprès du gouvernement pour obtenir la construction du chemin qui devra relier à Lille cette cité maritime. Voilà donc cette grande voie partant de Paris, et touchant à la mer du Nord par Dunkerque, à la Manche par Calais et Boulogne, à la Belgique par Lille et Valenciennes. Ces travaux peuvent être faits dans un espace de six à sept années, les travaux d'art sont peu nombreux, les expropriations faciles; ce magnifique réseau peut être terminé avant peut-être que la compagnie de Rouen ne puisse aller jusqu'à la capitale de la Normandie. La question ainsi posée que deviendra le Hâvre? Que deviendra Dieppe?

(1) Il y a quelques mois, trois ingénieurs du Gouvernement étudiaient encore trois tracés différens dans les environs de Pontoise. La position de cette ville, les progrès toujours croissants de la navigation de l'Oise la désignent suffisamment comme devant être une des premières et des plus lucratives stations du chemin de fer de Paris à Bruxelles. L'administration sera, nous l'espérons, assez convaincue de son importance pour ne pas préférer un tracé qui irait se perdre au-delà de l'Isle-Adam ou du côté de Beaumont.

Le Hâvre est aujourd'hui notre principal port marchand sur l'Océan, l'un de nos ports les plus actifs. Sans parler de ses nombreux rapports avec toutes les parties du monde, nous nous occuperons spécialement de sa navigation à vapeur, qui, destinée au transport des voyageurs, plus encore qu'à celui des marchandises, doit d'autant plus sûrement alimenter des chemins de fer, que le voyageur une fois rendu au port, pourra régler ses affaires, ses plaisirs, ses désirs, ses besoins, et disposer de son temps sans craindre les retards, les incertitudes inévitables toujours attachées au parcours par les voitures publiques; le Hâvre est aujourd'hui le premier port de France pour la navigation à vapeur : près de 40 steamers lui appartiennent et établissent des relations régulières, tant avec diverses parties du territoire qu'avec les principales places de l'étranger. Honfleur, Rouen, Caen, Morlaix, Nantes, Bordeaux, Southampton, Londres, Liverpool, Belfast, Rotterdam, Hambourg, Cadix, Lisbonne, St.-Pétersbourg, etc., entretiennent aujourd'hui, grâce à elle, des rapports réguliers qui vivifient son industrie, multiplient ses relations, décuplent sa richesse. Cet état de chose, si avantageux, durera-t-il encore après la confection du chemin de fer de Paris à Lille? Nous ne le pensons pas.

En effet, quels seront les ports de Paris pour les rapports de la France avec le Rhin, le bas de la Hollande, l'Escaut, les Provinces rhénanes? Anvers et Cologne. Ces deux villes se disputeront tous les voyageurs qui, du centre du continent, du fond de l'Europe, se dirigeront vers la France; et qu'on ne dise pas que nous nous livrons ici au stérile plaisir de bâtir des utopies : à mesure que les chemins de fer se développent, que les lignes se complètent, que les centres principaux de commerce et d'industrie se relient entre eux, que les habitudes se disciplinent, l'influence de ces voies merveilleuses se fait de plus en plus sentir. Elle ne s'arrête pas dans un rayon de quelques myriamètres, à 15, 20 myriamètres de distance, il est facile de la constater et, pour ne citer qu'un seul fait à l'appui de nos paroles, n'est-il pas évident que dès aujourd'hui Forbach, Metz, Strasbourg et plusieurs autres villes de la Lorraine et de l'Alsace commençent à souffrir de la nouvelle direction donnée aux voyages européens par la construction des chemins belges, et par ceux que la Prusse fait établir en ce moment dans les Provinces rhénanes? Que sera-ce donc lorsque l'Escaut, le Rhin seront mis en communication rapide et directe avec la capitale de la France? Anvers et Cologne ne gagneront-elles pas une partie du mouvement qui se retirera de la ligne du Hâvre?

D'un autre côté, le Hâvre conservera-t-il sa navigation avec Hambourg, ses rapports avec Cuxhaven, Altona, le Holstein et les bouches de l'Elbe, quand Dunkerque (1) sera

(1) Dunkerque, d'une population de 25,000 habitants, desservie par plusieurs canaux venant de France et de Belgique, et deux routes royales (nos 16 et 40), est à la fois un port militaire et un port de commerce. Le port, pourvu d'écluses de chasse, est en ce moment l'objet de travaux importants ordonnés en vertu de la loi du 19 juillet 1837. Les jetées, d'un développement total de 997 mètres, vont être prolongées de 200 mètres chacune pour rejeter dans le courant de la rade le banc de sable qui existe à l'entrée du port, on y construit un mur de quai entre le quai des Anglais et le musoir de la Cunette, et enfin on s'occupe du dévasement du port. La surface du port proprement dit est de 7 hectares 24 ares sans y comprendre le bassin a flot situé dans l'arrière port, et qui appartient à la marine royale. Le port possède en outre de beaux magasins, des chantiers de construction, des cales, un gril de carénage et de radoub. Il peut contenir 300 navires de toute grandeur.

Le tonnage des navires entrés et sortis en 1837 formait un total de 223,270 tonneaux, et la moyenne des droits de douane

un des ports de Paris? L'affirmative est plus que douteuse. En effet, trente-six heures suffisent pour se rendre de Dunkerque à Hambourg, il en faut moyennement soixante aux meilleurs steamers du Hâvre pour le même trajet. Une fois à Dunkerque, sept à huit heures seulement conduisent à Paris directement, sans recourir à des transbordements difficiles, ennuyeux, ou à l'usage incertain des voitures publiques. On nous accordera donc facilement que le Hâvre perdra de ce côté la majeure partie de ses relations commerciales avec les pays que nous venons de citer.

acquittés de 1833 à 1837, c'est-à-dire pendant cinq ans, présentait une somme de 5,114,680 fr. (V. Statistique des Ports de France, etc.).

En 1839 le mouvement de son cabotage a donné les résultats suivants :

Entrés : 648 navires jaugeant 50,408 tonneaux, montés par 4,170 hommes d'équipage, qui ont apporté des cargaisons du poids de 515,746 quintaux métriques.

Sortis : 380 navires jaugeant 27,969 tonneaux, montés par 2,484 hommes d'équipage, qui ont exporté des cargaisons du poids de 253,626 quintaux métriques (V. Tableau officiel du mouvement du cabotage, 1840).

La pêche de la baleine et surtout celle de la morue occupent 106 navires.

On y importe surtout des denrées coloniales, des cotons, des laines, des fils et toiles de lin, du suif, de la résine, du chanvre, de la potasse, du blé, des sels, des vins, des graines oléagineuses, des bois du Nord.

Les charbons de Mons et de Valenciennes, les huiles de Flandre, les toiles forment ses principaux articles d'exportation.

Depuis quelque temps on y a établi un parc d'huîtres anglaises qui a fait presque entièrement cesser les expéditions d'Ostende vers la France.

Les rapports avec l'Angleterre sont aujourd'hui trop rapides, trop nombreux, trop quotidiens, pour ainsi dire, pour cesser entièrement. Trois compagnies naviguent, l'une du Hâvre à Southampton, les deux autres du Hâvre à Londres ; mais elles aussi ne souffriront-elles pas une funeste atteinte de l'établissement du chemin de fer sur Calais (1)

(1) Calais, d'une population de 10,500 habitants, desservie par le canal de navigation qui s'embranche sur l'Aa, trois routes royales (nos 1, 40 et 43), et par une route départementale (n° 3); port de commerce, de pêche et de relâche, passage des dépêches entre la France et l'Angleterre, transit des dépêches de l'Inde par la France, possède un arrière port où la mer monte et descend à chaque marée, un bassin d'échouage, une écluse à sas, un gril de carénage, des quais en pierre de 940 mètres de développement. On y construit en ce moment, en exécution de la loi du 19 juillet 1837, un bassin à flot qui aura une superficie de 1 hectare 90 ares, et un développement de quais de 540 mètres avec une largeur d'écluse de 16 mètres 50 cent.

Son tonnage en 1837 a été de 193,924 tonneaux, et en cinq ans, de 1833 à 1837, elle a acquitté chaque année en moyenne pour 1,908,116 fr. de droits de douane.

En 1837, le mouvement de son cabotage a présenté les résultats suivants :

Entrés : 76 navires jaugeant 4,222 tonneaux, montés par 346 hommes d'équipage, qui ont importé des cargaisons du poids de 47,168 quintaux métriques.

Sortis : 41 navires jaugeant 2,327 tonneaux, montés par 227 hommes d'équipage, qui ont exporté des cargaisons du poids de 17,385 quintaux métriques.

Les importations de Calais consistent principalement en soieries de l'Inde et d'Angleterre, cachemires, mérinos, tulles de coton, tissus de laine, tapis, tissus de coton imprimés, cotons filés, aiguilles et hameçons, machines et mécaniques, acier, outils, merceries, boutons de cuivre et de corne, vins

et sur Boulogne (1) ? La ligne de Douvres à Londres est sur

d'Espagne et de Portugal, viandes salées, fromages, porcelaines, fils de lin, toiles d'Irlande, coutils, indigo, cochenille, canelle, livres et gravures, blanc de baleine, bois et fers du Nord, brai et goudron, houille, nacre, écaille de tortue, plumes de parure, musc, papier, tresses de paille, parfumeries, vif-argent, vanille, laines en masse, etc.

Les exportations consistent spécialement en soieries, mérinos, mousselines imprimées, porcelaines, pendules, bronzes, meubles, cristaux, soies d'Italie, glaces, vins, eaux-de-vie, fruits confits, merceries, quincailleries, articles de Paris, tableaux, montres, boîtes à musique, fournitures d'horlogerie, parfumerie, instruments de musique, blondes de soie, dentelles de fil, fleurs artificielles et nouveautés, marbre ouvré, tresses et chapeaux de paille, bimblotterie, peaux brutes et préparées, souliers, produits chimiques; transit des produits de la Suisse et de l'Italie.

(1) Boulogne, à l'embouchure de la Liane, d'une population de près de 21,000 habitants, desservie par deux routes royales (nos 1 et 42), et deux routes départementales (nos 1 et 4). Port de commerce, de pêche et de relâche; station des bateaux à vapeur anglais pour le passage de France en Angleterre, service quotidien; station des bateaux à vapeur sur Rye et sur Ramsgate, relâche des malles-postes quand les vents sont contraires pour aller à Calais. C'est par Boulogne que sont expédiées les dépêches du commerce. Ce port possède 12 bâtiments pour la pêche de la morue, et 160 pour celle du poisson frais. Lorsqu'on aura terminé (loi du 19 juillet 1837) le creusement du port il pourra recevoir des navires d'un tirant d'eau de 5 mètres. Il y existe encore, outre 2000 mètres de quais, un chenal et un bassin semi-circulaire qui assèchent à marée basse, un gril de carénage, et une cale sèche en forme de plan incliné pour la construction et la réparation des navires sur le terre-plain de la cale.

En 1837 le tonnage de Boulogne a été de 162,089 tonneaux.

le point d'être achevée. Sept heures, au plus, seront alors suffisantes pour aller de Londres à Calais par Douvres ; par eau, en descendant la Tamise, il faut douze heures pour atteindre l'un de ces ports ; il en faut au moins vingt-quatre pour aller du pont de Londres au Hâvre. Objectera-t-on que le chemin de fer de Southampton a mis cette ville à la porte de Londres? Il a, il est vrai, singulièrement rapproché les distances, mais encore faut-il de seize à dix-huit heures pour, par cette voie, toucher la terre de France, où nous retrouvons le même désavantage du transbordement, ou l'incertitude du parcours jusqu'à Rouen où l'on prendra le chemin de fer de Paris; car il ne faut pas se le dissimuler, les ports ne sont que des stations. Sur le nombre des voyageurs qui y abordent, près des neuf-dixièmes sont en

et de 1833 à 1837 elle a acquitté en moyenne pour droits de douane une somme annuelle de 510,211 fr.

En 1839 le mouvement de son cabotage a présenté les résultats suivants :

Entrés : 87 navires jaugeant 4,203 tonneaux, montés par 425 hommes d'équipage, qui ont importé des cargaisons du poids de 47,667 quintaux métriques.

Sortis : 79 navires jaugeant 3,203 tonneaux, montés par 357 hommes d'équipage qui ont exporté des cargaisons d'un poids de 23,809 quintaux métriques.

Les importations de Boulogne consistent spécialement en soieries de l'Inde et de l'Angleterre, tissus de laine, de lin et de coton; toiles de lin, cotons filés, laines en masses, merceries, épiceries, bière, vins et viandes salées, bois du Nord et des îles, fers anglais et étrangers, aciers et métaux, or et argent, machines et mécaniques, houilles, etc.

Les exportations en soie et soieries, vins et eaux-de-vie, tissus de soie, modes et fleurs artificielles, tissus de paille, cuivre ouvré, bottes et souliers, horlogerie, bimblotterie, quincaillerie et quelques produits de transit.

destination soit pour Paris, soit pour les autres villes du territoire; ceux même qui y sont momentanément retenus par quelques affaires locales ou d'une grave urgence, ne tardent pas à les quitter pour se diriger sur d'autres points. Cette immense majorité de voyageurs n'hésitera donc pas à choisir de préférence pour aborder un port d'où on pourra se diriger directement sur Paris? et ce que feront les voyageurs, pourquoi les paquebots qui les apportent et qui vivent de leurs mouvements ne le feraient-ils pas à leur tour? Car il ne faut pas s'y tromper, les voyageurs ne vont jamais seuls; sur leurs pas ils attirent les affaires, les capitaux, les marchandises. Un individu qui se déplace est, en quelque sorte, un capital ambulant. Que de rapports nouveaux viendront alors, au préjudice du Hâvre, se nouer de toutes les parties du monde avec ces ports si heureusement placés désormais à quelques heures de la capitale? Combien de paquebots, peut-être, changeront leur destination antérieure pour venir y apporter, avec leurs voyageurs, l'activité de leur commerce et de leurs relations! Et plus tard, peu importe qu'à force de temps, d'argent, de sacrifices, on continue jusqu'au Hâvre son chemin de fer parallèle à la Seine, en concurrence avec une de nos meilleures voies navigables, et sans embranchements possibles, les habitudes seront faites, les rapports établis; et quand tous les ports se seront paisiblement partagé les dépouilles du Hâvre, il ne trouvera dans l'établissement de cette voie nouvelle qu'un insensible accroissement d'activité.

S'il est difficile de mener, au moins dans un avenir prochain, le chemin de Paris à Rouen jusqu'au Hâvre, combien l'est-il plus de le prolonger jusqu'à Dieppe? Cette petite ville, autrefois si riche, si puissante, ne représente plus aucun intérêt commercial : ce n'est plus, pendant l'été, que la villa temporaire de quelques baigneurs parisiens. Avec son port ensablé de galets, sa passe difficile.

l'ancienne cité du roi Ango n'est plus qu'une petite ville de pêcheurs qui disputent quelques milliers de harengs à l'avidité du chalut. Un seul commerce toutefois lui était resté, celui des bois du Nord; mais n'est-il pas à craindre qu'il ne retourne bientôt à Calais, son ancienne métropole? De tout temps, en effet, cette dernière ville a entretenu des rapports suivis avec Berghen, Christiania, Drontheim, et les autres villes de la Norwége. Combien ces rapports deviendront-ils plus nombreux, plus actifs quand elle sera dotée de son chemin de fer?

Et Fécamp, ce port de pêche aujourd'hui si fort en progrès, qui attendait de la voie nouvelle une plus grande animation, qui avait déjà constitué une société pour s'embrancher sur le chemin de Dieppe, le pourra-t-il aujourd'hui quand même la ligne de Paris à la mer suivrait jusqu'au Hâvre son parcours projeté par la vallée de la Seine? La réponse n'est pas douteuse.

Nous croyons en avoir assez dit pour que chacun puisse convenablement apprécier les conséquences du vote de la Chambre des Députés. Aux yeux de toutes personnes qui voudront étudier sérieusement ces questions, qui seront pénétrées de toute leur importance, la ruine du Hâvre, de Dieppe, de Fécamp, ou du moins leur abaissement prochain, est la conséquence inévitable de cette erreur; mais ce n'est pas tout encore, la confection de la ligne de Paris à Rouen amènera la ruine du chemin de fer de Saint-Germain. Nous allons le prouver.

CHAPITRE IV.

DU CHEMIN DE SAINT-GERMAIN. — SON AVENIR.

Les chemins de fer se sont établis en France avec trop de difficultés, ils s'y développent avec trop de lenteur; et, d'un autre côté, l'imperfection des routes de terre, l'absence sur beaucoup de points de voïes navigables, la cherté excessive du fer et du combustible, nous placent dans des conditions industrielles trop défavorables pour que nous ne cherchions pas à éviter des erreurs funestes à la fois au pays et aux individus, et à stimuler nos successeurs en leur offrant pour exemple et pour garantie de l'avenir la prospérité des lignes aujourd'hui en activité. Tâchons donc de ne construire que des chemins dont le succès soit assuré, qui puissent, dans une viabilité pour ainsi dire sans concurrence, renter non-seulement les frais d'établissement, mais encore les frais énormes de l'entretien, et enfin donner aux actionnaires un intérêt assez convenable pour qu'ils ne regrettent pas d'avoir placé leurs fonds dans de pareilles opérations. Bien peu de personnes, en effet, savent à combien s'élèvent annuellement les dépenses d'entretien d'un chemin de fer, le combustible, les réparations de la voie, celui du matériel nécessaire à une exploitation tant soit peu active, les salaires d'un personnel aussi nombreux qu'indispensable. Combien peu savent, par exemple, qu'il faut qu'une machine locomotive, qui coûte de 40 à 45,000 fr., soit établie et confectionnée avec bien du soin pour durer un an? Qu'avant l'expiration de ce temps, les pistons, les tubes, les manivelles, la chaudière elle-même, sont souvent hors de service, et que les réparations, si bien faites qu'elles soient, et malgré le prix énorme qu'elles coûtent, n'en feront jamais qu'une machine défectueuse? Il est donc de la plus haute importance, avant de concéder un chemin de fer, de bien examiner si la ligne qu'il doit parcourir ne portera pas préjudice à des lignes déjà existantes. Or, nous croyons pouvoir avancer que dans le cas où la compagnie concessionnaire du chemin de Paris à Rouen porterait sa ligne seulement jusqu'à Poissy, elle causerait le plus notable préjudice au chemin de Saint-Germain, et peut-être amenerait sa ruine.

De toutes les petites lignes que nous avons vu s'établir autour de nous depuis quelques années, celle de Paris à St.-Germain ou, pour parler plus exactement, au Pecq, était assurément la mieux choisie. Sa gare, située dans un quartier riche, actif, dont la population s'accroît tous les jours, près du centre des affaires ou des plaisirs, presque au sein du mouvement commercial de la capitale, avait été placée dans la position la plus heureuse; et, si nous avons un regret à exprimer ici, c'est que la compagnie n'ait pu la porter, comme elle en avait le projet, jusque sur la place Tronchet et près du boulevard de la Madeleine. Sans parler des relations de tous les instants qu'elle établissait entre Paris et une foule de petites communes populeuses que leurs affaires appellent à tout moment dans la capitale, cette ligne avait l'avantage de toucher la Seine, avantage inappréciable quand on songe à la navigation d'été, et aux bateaux qui chaque matin, durant la belle saison, partent du Pecq pour se diriger sur Compiègne et sur Rouen, pendant que d'autres retournent de ces villes à Paris. Elle faisait un faubourg de Saint-Germain dont la position, les marchés d'approvisionnement, le commerce et l'activité conduisaient forcément les habitants à être toujours sur la route de Paris. Enfin, dans la même direction, elle desservait Poissy et tout le bassin de la Seine rempli de petites villes actives et dont les habitants ont avec Paris des rapports quotidiens. Aussi Poissy, Mantes, Triel, Vaux, Meulan, Andrésy, Maurecourt ne tardèrent-elles pas à établir avec la gare du Pecq des communications régulières. Sur quelques points même, sur Poissy notamment, elles devinrent bientôt si nombreuses que le service de correspondance dut avoir lieu toutes les heures.

Ici nous devons rendre pleinement hommage à l'intelligence, à l'activité des directeurs de cette ligne. Cette compagnie s'est distinguée par une rare aptitude, par une exemplaire célérité dans l'exécution de ses travaux. Depuis l'ouverture de son chemin, elle n'a cessé de faire tous ses efforts pour y activer la circulation, et y satisfaire à toutes ses exigences. (1) Mais que prouvent cet empressement à répondre aux désirs du public, même à les faire naître, toutes ces tentatives, exagérées peut-être, pour augmenter le nombre des voyageurs? que la compagnie devait se hâter de jouir, de réaliser ses bénéfices dans les premières années parce que plus tard elle serait impuissante à conjurer la défaveur

(1) Si nous ne pouvons que louer l'activité de cette Compagnie dans l'exécution de ses travaux, nous ne saurions donner les mêmes éloges à son administration. A tous momens ce sont des changemens dans les heures, des modifications dans les tarifs, des dispositions nouvelles dont on ne prévient pas toujours le Public assez à temps pour qu'il n'en résulte pas fréquemment pour lui de graves inconvénients. Trop souvent la Compagnie s'est permis de supprimer des départs ou de porter toutes ses machines actives sur une ligne, au détriment des voyageurs qui attendaient sur une autre. D'autres fois une économie de combustible mal entendue n'a pas permis aux locomotives de fournir toute leur course. Toutes ces irrégularités éloignent le public, le gênent dans ses affaires, le mécontentent. Nous croyons qu'il suffit de les signaler à la Compagnie de ces deux chemins pour empêcher qu'elles ne se renouvellent dans l'avenir.

qui s'attache nécessairement aux petites lignes, et ici c'est, ce nous semble, le lieu d'indiquer une fois pour toutes la différence énorme qui existe entre une grande ligne et une petite. La première ne peut que gagner, que s'améliorer, l'autre au bout d'un certain espace de temps ne peut que perdre, ou tout au moins reste stationnaire. Spéculant sur un parcours plus étendu, sur une population plus nombreuse, une grande ligne y développe bien plus fortement des habitudes, des besoins de locomotion; de plus, des embranchements plus ou moins nombreux qui viennent s'y rattacher çà et là, peuvent dans certaines occasions y doubler l'activité de sa circulation. Une petite ligne au contraire, d'abord parcourue par la curiosité, lorsque ce sentiment vient à cesser, ne peut plus compter que sur une circulation bornée, et qui nécessairement dès-lors se renfermera dans des limites invariables, ou qui ne seront que bien rarement franchies, puisqu'elles auront pour base la somme des diverses populations traversées par la ligne.

Si ces réflexions peuvent s'appliquer entre autre au chemin de fer de Saint-Germain, quel sera son avenir lorsque la ligne de Paris à Rouen sera portée seulement jusqu'à Poissy? ainsi que nous l'avons fait observer dans le cours de cette discussion, la masse des voyageurs qui alimente ce chemin se prend à deux sources différentes. Une part est fournie par les populations d'Asnières, Nanterre, Chatou, le Pecq et Saint-Germain, l'autre par celles de Poissy, Mantes, Triel, Meulan et tous les villages du bassin de la Seine qui les environnent. Or il est de la dernière évidence que tous ces individus, qui aujourd'hui passent Saint-Germain parce qu'ils ont affaire à Paris, s'arrêteront à Poissy pour y prendre la première section du chemin de Rouen.

Autre considération : pendant toute la belle saison, le mouvement que la navigation de la Seine et de l'Oise imprime aux voyageurs, est loin d'être sans influence sur les recettes du chemin de fer du Pecq. Mais une fois le chemin de Rouen poussé seulement jusqu'à Poissy, les paquebots de Rouen viendront stationner à cette dernière ville, parce qu'on y trouvera l'avantage de raccourcir le trajet de plus d'une heure à la descente, et de deux heures au moins à la remontée.

Le Pecq conservera-t-il au moins la station des petits paquebots qui font le service de l'Oise? Non, car ils auront plus d'avantage à partir de Maisons. De Paris à Compiègne on gagnerait ainsi environ une heure sur le trajet; et au reste on sait que la compagnie a des intérêts puissants qui la sollicitent à amener sur ce point les visiteurs, et à donner de la vie à cette petite localité.

Mais, dira-t-on, comment se fait-il alors, en présence d'un pareil état de choses et d'un semblable avenir que la compagnie des chemins de fer de Saint-Germain et Versailles, à qui on accorde une si grande intelligence des affaires, et que nous pouvons justement considérer comme une de nos meilleures compagnies de travaux publics, ait été au-devant de sa ruine, en offrant à la compagnie de Rouen, non-seulement le parcours de sa ligne jusqu'à Colombes, mais encore l'usage de sa gare; qu'elle ait ainsi, de gaieté de cœur, épargné à une société rivale une dépense de plusieurs millions? A cela nous répondrons qu'elle a dû se prêter de la meilleure grâce possible à ce qu'elle ne pouvait empêcher; que ne pouvant s'opposer à l'établissement de ce chemin, elle a voulu en tirer au moins quelque avantage pour le moment. Nous disons *pour le moment*, et à dessein, car suivant nous, cet avantage ne sera que temporaire.

Mais, dira-t-on aussi, sur une grande ligne le nombre des voyageurs augmente sans cesse; sur toute l'étendue du parcours, les habitudes se forment, la circulation devient chaque jour plus active, plus appréciée, plus nécessaire, et une ligne qui dans les premières années n'a vu circuler qu'une quantité de voyageurs à peine suffisante pour couvrir ses frais, voit leur nombre doubler, tripler dans les années suivantes. Le fait est vrai, du moins il doit l'être; mais on pourrait constater de pareils résultats sur le chemin de fer de Paris à Rouen que ce surcroît de circulation ne s'opérerait pas au bénéfice de la ligne de Saint-Germain, menacée au bout de quelque temps, ainsi que nous allons le prouver, de perdre l'allocation annuelle acquise si laborieusement par la location de sa gare et de son parcours jusqu'à Colombes.

Tous les terrains qui entourent la gare de Tivoli, ceux même sur lesquels ont été établies toutes les constructions du chemin de fer de Saint-Germain, sont depuis longtems la propriété d'une société qui, malgré des ventes nombreuses, est encore dans cette partie de la capitale propriétaire d'immenses espaces. Or, on peut se souvenir qu'un des articles de la loi autorise la compagnie concessionnaire à user provisoirement de la gare des chemins de Saint-Germain et de Versailles, ainsique d'une partie de son parcours , et en réservant le cas où le nombre des voyageurs, ainsi que la quantité des marchandises, y occasionnerait de l'encombrement , auquel cas la compagnie concessionnaire aurait le droit, après enquête, d'abandonner l'embarcadère de la rue Saint-Lazare , et de se choisir une gare à elle, avec une entrée spéciale dans Paris. Or, si nous ajoutons que l'un de ces propriétaires a été lui-même à la tête d'une compagnie qui voulait exécuter le chemin de Rouen, qu'il a encore avec la compagnie actuelle de nombreuses et d'intimes relations, n'est-il pas évident qu'au bout de quelque temps on provoquera une enquête aux fins de faire constater l'encombrement, et d'être admis à jouir du bénéfice de la loi?

Alors non-seulement il vendra à la compagnie pour y établir sa nouvelle gare, et au prix qu'ils auront alors acquis, tous les terrains nécessaires, terrains dont il est propriétaire, mais trouvera encore à recueillir d'énormes bénéfices dans la vente des terrains environnants, qui auront alors une plus-value considérable.

Enfin reste une autre objection qu'il nous faut examiner: dès les premières années, du moment même que le chemin de Rouen atteindra à Poissy, la ligne de Saint-Germain perdra la majeure partie de ses voyageurs, tous ceux du bassin de la Seine autour de Poissy, la navigation des paquebots de Rouen et de ceux de Compiègne, et se verra parconséquent réduite aux seuls voyageurs des communes d'Asnières, Nanterre, Chatou, le Pecq et Saint-Germain. Calculons ce qu'elle peut perdre par cette nouvelle direction imprimée au mouvement et aux affaires.

Pour ce qui est de la navigation de la Seine et de l'Oise que nous ne compterons que pendant cinq mois, du 1er mai au 1er octobre, bien qu'elle se continue souvent pendant ce dernier mois, nous croyons être fort modéré en n'évaluant qu'à 1,000 fr. par jour le bénéfice fait par le chemin de fer de Paris au Pecq et du Pecq à Paris, des voyageurs qui alimentent ces paquebots, ainsi que de leurs bagages ou marchandises. Pour 5 mois c'est au moins une somme de 153,000 fr.

L'importance du marché de Poissy pour l'approvisionnement de la capitale est trop connue pour que nous voulions la constater ici : qu'il nous suffise de dire que sur les bouchers et les autres personnes qui s'occupent du commerce de la viande, et se rendent à Poissy tous les jeudis, le chemin de fer fait chaque semaine au moins un bénéfice de 1,500 fr. et pour l'année 78,000 fr. Le mercredi soir, des commissionnaires, des acheteurs, des agents de toute espèce se rendent déjà à Poissy; le vendredi matin ceux que leurs affaires y ont retenus pour le même objet retournent à Paris. On ne nous accusera pas d'exagération en évaluant le bénéfice du chemin de fer sur ces voyageurs réguliers à 200 fr. par semaine, soit pour l'année 10,400 fr.

Pendant la belle saison, c'est-à-dire pendant au moins six mois de l'année, une foule de personnes quittent Paris le samedi soir pour aller passer le dimanche dans des campagnes situées le long de la Seine, au-delà de Poissy, ou dans les petites villes environnantes, et en reviennent le lundi matin; ne comptons également qu'à 200 fr. par semaine les recettes que leur déplacement donne au chemin de Saint-Germain, et nous aurons à ajouter pour six mois la somme de 5,200 fr.

Enfin nous restons dans des évaluations bien modérées, et certainement au-dessous de la réalité en ne portant qu'à 300 fr. par jour, soit pour l'année à 109,500 fr. les revenus que donne à la ligne de Saint-Germain le mouvement continuel des habitants de Poissy, Mantes, Triel, Vaux, Meulan, Andresy et de tout le bassin de la Seine, et nous obtiendrons pour ces cinq sommes réunies un total général de 356,100 fr.

Voilà donc *au minimum* la somme annuelle que peut perdre le chemin de fer de Saint-Germain par la nouvelle direction que le chemin de Rouen imprimera aux voyageurs; examinons maintenant ce qu'il peut y gagner. Evaluons à 4,000 fr. par jour, 6 départs pour aller et autant pour le retour, à 300 voyageurs chaque en moyenne, les voyageurs qui pour aller à Paris ou en revenir emprunteront entre la capitale et Colombes le chemin de Saint-Germain, et fixons à 20 c. par personne la rétribution à percevoir par cette compagnie, nous aurons par année 1,460,000 individus soit 1,500,000 qui payant chacun un droit de 20 c. verseront dans les caisses du chemin de Saint-Germain une somme de 300,000 fr. laquelle est d'environ 17 0/0 au-dessous des revenus que lui donnent la navigation des rivières et le mouvement des voyageurs de Poissy et du bassin de la Seine.

On se récriera peut-être contre le chiffre de 0, 20 c. et les autres que nous venons de poser, on les taxera d'être arbitraires et d'avoir été choisis et arrangés à plaisir pour donner plus facilement gain de cause à une logique de convention, nous allons les défendre : la compagnie de Versailles (rive droite), paie à celle de St-Germain, pour l'usage de sa gare et le parcours de sa voie jusqu'à Asnières, une somme de 0 fr. 15 c. par individu, nous avons cru être juste en cotant à 0 fr. 20 c. un service qui ne s'étend qu'à quelques hectomètres plus loin ; de même en portant à 4000 par jour, c'est-à-dire en moyenne, à 2000 pour aller et autant pour le retour, le nombre des individus qui voyageront entre Paris et le bassin de Poissy et au-delà, nous croyons être resté dans les limites du vrai et du possible, puisqu'on évalue à 3000 par jour, en moyenne, le mouvement de voyageurs occasionné à Paris par l'entrée et la sortie des messageries et autres voitures publiques.

Il nous semble donc prouvé par ces calculs qu'au bout de quelques années le chemin de fer de Saint-Germain sera réduit aux seuls voyageurs de Saint-Germain, le Pecq, Chatou, Nanterre et Asnières, et que pendant le temps qu'il prêtera sa gare et sa voie au chemin de Rouen, les recettes que lui donneront les voyageurs de cette ligne ne sauraient compenser les pertes qui résulteront pour lui de la direction donnée à la nouvelle ligne. En effet, avec les tarifs actuels, il faudrait le passage de sept voyageurs pour équivaloir à ce que lui rapporte le transport d'un seul individu. Or, est-il probable qu'entre Paris et Rouen, et réciproquement, la circulation soit sept fois aussi active qu'actuellement sur le chemin de Saint-Germain? nous ne le pensons pas.

CHAPITRE V.

DU CHEMIN DE FER DE VERSAILLES.

(RIVE GAUCHE.)

Il nous reste actuellement peu de choses à dire des chemins de fer, dont jusqu'ici nous n'avons pas encore parlé : citerons-nous les deux chemins de fer établis sur Versailles? Il nous en coûterait trop de revenir sur une pareille faute, nous dirons plus, sur une pareille folie; le gouvernement, en cédant trop facilement à des préjugés ignorants ou à des clameurs de localité, a manqué à tous ses devoirs; d'un autre côté, la compagnie concessionnaire de la rive gauche, compagnie impuissante, et qui n'a pu se traîner qu'au moyen d'un prêt que l'Etat a consenti à lui faire, et qu'il ne lui a fait que parce que trois des ministres du 12 mai étaient ou personnellement, ou représentés dans le conseil d'administration (1), qui croit répondre à tout en s'intitulant pompeusement : Tête du chemin de Chartres, a commis deux fautes, l'une de ne pas entrer dans Paris en poussant sa gare, sinon jusqu'à la place St-Sulpice, ou à la Croix-Rouge, du moins jusqu'à la rue d'Assas. Rien n'eût été plus facile puisqu'il n'y avait que des jardins à traverser; la dépense la plus considérable eût été la construction de quelques viaducs sur le boulevard et sur les rues. Placée comme elle l'était, et avec la

(1) Dans le conseil d'administration de cette Compagnie on comptait M. Teste, alors ministre de la justice, M. Talabot, gendre de M. Cunin-Gridaine et homme d'affaire du maréchal Soult, alors ministres du commerce et des affaires étrangères. Nous oublions M. Jacqueminot.

ligne de parcours qu'elle s'était choisie, elle a commis une autre faute, celle de ne point bonifier sa circulation en établissant, à peu de frais, sur Sceaux un embranchement qu'elle eût pu facilement faire partir de la plaine de Vanves.

Quand on a voulu construire deux chemins de fer en concurrence sur Versailles, on s'est trop complaisamment arrêté sur le succès d'une entreprise particulière de voitures publiques, comme si entre les deux moyens de locomotion il pouvait y avoir de comparaison possible, on n'a pas réfléchi au peu de mouvement de Versailles, à son peu de commerce, d'industrie, d'affaires; la comparaison entre la ligne de St-Germain et celles de Versailles nous fournira une preuve frappante à l'appui de ce que nous avançons; aussitôt que la première fut en activité, une foule de voitures, d'omnibus, de transports de toute nature vinrent correspondre avec le Pecq; à Versailles, on n'a vu rien de semblable : les localités qui sont au-delà du chef-lieu sont restées pour ainsi dire dans leur isolement primitif, on ne peut citer qu'une petite voiture à deux roues qui correspond avec St-Cyr; des omnibus s'étaient établis dans Versailles, ils n'ont pu y vivre; une autre voiture dont la course est tarifiée au prix minime de 15 c., sera-t-elle plus heureuse?

Assurément ces observations ne sont pas neuves, et bien d'autres ont pu les faire avant nous, seulement nous serions heureux si leur publication pouvait contribuer à accélérer l'établissement de nos chemins de fer, et à doter le pays de ces nouvelles voies qui doivent apporter une si heureuse révolution dans ses relations et son industrie.

FIN.

TABLE DES MATIÈRES.

Page.

FIN DE LA TABLE.

Imprimerie de Moëssard et Jousset, rue Fürstemberg, 8.

www.ingramcontent.com/pod-product-compliance
Lightning Source LLC
LaVergne TN
LVHW050433160826
845677LV00002BA/689

* 9 7 8 2 3 2 9 6 8 1 7 0 2 *